ANNALES

DU

CONSERVATOIRE

DES ARTS ET MÉTIERS

PARIS

LIBRAIRIE POLYTECHNIQUE DE J. BAUDRY, ÉDITEUR

15, RUE DES SAINTS-PÈRES

NOTE

SUR

DIVERSES VARIÉTÉS DE CAFÉ

ET EN PARTICULIER

SUR LES CAFÉS DU BRÉSIL.

PAR M. LE GÉNÉRAL MORIN.

Extrait des *Annales du Conservatoire des Arts et Métiers*

Tous les hygiénistes sont aujourd'hui d'accord pour reconnaître les propriétés salubres et stimulantes du café, et pour désirer qu'il prenne une place de plus en plus importante dans l'alimentation.

L'expérience des dernières guerres, et surtout celle de notre armée d'Afrique, ont tellement montré les avantages de l'emploi de cette substance tonique, que son usage est devenu réglementaire dans les armées, lorsque le soldat est exposé à des fatigues ou à des causes spéciales d'insalubrité.

Déjà aussi l'usage du café, comme breuvage du matin, se répand heureusement parmi les populations ouvrières et tend à y remplacer, avec grand avantage pour la santé, la funeste habitude de boire, avant de se rendre au travail, de l'eau-de-vie qui agit d'une manière si fatale sur l'organisme.

Tout ce qui peut contribuer à développer l'usage, à accroître la consommation du café, comme substance alimentaire, présente donc un intérêt spécial au point de vue de l'hygiène publique.

Sous ce rapport, les progrès de sa culture et de sa production, l'extension de son commerce, la connaissance de ses qualités, méritent également l'attention. Si étrangère que soit l'étude de cette question à nos occupations habituelles, l'on ne s'étonnera donc pas que nous ayons cru devoir y apporter un soin particulier, lorsqu'elle nous a été soumise au sujet des cafés que nous fournit l'empire du Brésil.

Importance de la production du café au Brésil.

La production du café a pris dans cette riche et fertile contrée un tel développement qu'en moins de 40 ans, de 1834 à 1871, elle s'est élevée du chiffre de 47 584 tonnes à celui de 229 209 tonnes, c'est-à-dire qu'elle est devenue environ quatre fois plus considérable et qu'elle s'accroît encore rapidement d'année en année.

Au prix moyen, assez faible, de 1 fr. 50 le kil., payé au port d'embarquement, cette production agricole représente une valeur annuelle d'environ 244 millions de francs. En 1871, la consommation totale de café n'était évaluée qu'à 440 000 tonnes, et l'on verra plus loin que le Brésil seul en fournit la moitié.

D'après les documents officiels récemment publiés dans l'ouvrage intitulé *le Brésil à l'Exposition de Philadelphie,* la production du café dans cet empire dépasserait de beaucoup les chiffres précédents.

On y trouve, en effet, les résultats suivants relatifs aux exportations de cette denrée :

DÉSIGNATION.	QUANTITÉS.	VALEURS.	PRIX MOYEN du KILOGRAMME.
Périodes biennales. 1870 à 1872...	131.405.379k	217.029.966f	1f 65
Périodes biennales. 1872 à 1874...	188.079.068	320.150.360	1 70
Augmentation......	56.673.689	103.120.400	»

L'on remarque que, par suite de la faveur justement croissante dont jouissent aujourd'hui les cafés du Brésil sur le marché européen, leur prix de vente s'est élevé, dans ces dernières années, de 1 fr. 50 à 1 fr. 65 et 1 fr. 70 le kilogramme.

Les agriculteurs brésiliens ne se sont pas contentés de développer la production du café, et ils ont successivement recherché et mis en usage des moyens perfectionnés pour le récolter, le sécher et le préparer pour la vente.

L'on en trouvera la preuve dans le mémoire publié en 1873, par M. le docteur Joaquim Moreira, sous le titre de *Considérations sur l'histoire, la culture du caféier, et la consommation de ses produits.* Aussi, les cafés que le Brésil livre au commerce sont-ils aujourd'hui remarquables par l'uniformité, la régularité et la propreté de leur grain.

Le sol et le climat de ce pays sont tellement favorables à cette culture, qui ne s'y est réellement propagée cependant d'une manière sérieuse que depuis moins de 50 ans, qu'on peut prévoir le moment prochain où ce pays deviendra le maître du marché, et que l'abondance toujours croissante de sa production déterminera en même temps une baisse de prix et le développement si désirable de la consommation de cette denrée salubre et stimulante.

Sous ce point de vue, nous devons regretter qu'à l'inverse de ce qui se pratique en Angleterre, en Hollande et ailleurs, où le café n'est soumis qu'à des droits insignifiants, les exigences momentanées, il faut l'espérer, du budget de la France l'aient obligée à frapper cette denrée de droits exorbitants qui en doublent presque le prix, attendu que son usage ne doit plus être considéré comme une consommation de luxe, mais comme celui d'une denrée de première utilité.

On conçoit facilement, dès lors, combien la question dont nous allons nous occuper a dû nous présenter d'intérêt, abstraction faite de celui que nous inspire un pays si sympathique à la France.

Il n'est pas hors de propos cependant de faire connaître par quelle circonstance accidentelle nous avons été conduit à nous en occuper.

Origine de ces recherches.

Au mois de septembre 1877, le ministre plénipotentiaire du Brésil à Paris nous adressa M. F. Leite Ribeiro Guimaraës, habile propriétaire agriculteur de la province de Rio, qui nous pria de faire examiner, aux divers points de vue que la question comporte, deux variétés de café, sur lesquelles l'attention des producteurs de ce pays était appelée depuis 1871; l'une, à baies rouges, désignée sous le nom de café *vermelho*, et le plus ordinairement cultivée; l'autre, à baies jaunes, appelée café *amarello*, récemment trouvée dans des forêts vierges.

Jusqu'à cette époque, les agriculteurs brésiliens avaient regardé, en effet, comme type unique du café qu'ils cultivaient celui dont les baies sont d'un rouge cerise plus ou moins foncé au moment de leur maturité complète, et qui comprenait d'ailleurs toutes les variétés connues dans le pays.

C'était, en conséquence, avec quelque surprise qu'en mai ou juin 1871 on avait trouvé dans les forêts à peu près vierges de Botucatu, province de Saint-Paul, des caféiers sauvages dont les fruits complétement murs étaient d'une couleur jaune très-prononcée, ce qui fit donner à cette variété le nom de café amarello, ou jaune, par opposition à celui du café vermelho ou rouge, attribué à l'espèce ordinaire.

Un botaniste brésilien, M. Corréa de Mello, chercha, par l'analyse chimique, à déterminer la proportion de caféine contenue dans ces graines, comparativement à celle qui se trouve dans le café rouge ou vermelho.

De ses recherches, il se crut autorisé à conclure qu'outre l'avantage important d'un arome plus prononcé, le café jaune ou amarello avait celui de contenir une plus grande proportion de la substance tonique désignée sous le nom de caféine.

Des recherches poursuivies pendant plusieurs mois au laboratoire de notre confrère M. Péligot, tout en mettant en évidence les difficultés que présente encore la détermination exacte de la proportion de caféine, et l'insuffisance des procédés d'analyse employés jusqu'à ce jour par plusieurs chimistes, qui se sont occupés de la question, semblent justifier l'opinion émise par M. Corréa de Mello.

Mais un fait remarquable, observé récemment par M. L. Guimaraës, paraît indiquer que le fruit du café amarello ou jaune serait notablement plus riche en principe sucré que celui du café vermelho ou rouge.

Il existe, en effet, au Brésil une très-grande quantité de fourmis rouges, très-avides du sucre que contiennent la canne et d'autres végétaux.

Or, des échantillons des deux variétés de café à comparer, récoltés en même temps et encore munis de leur pulpe, ayant été conservés dans des boîtes pareilles et dans un même lieu, l'on a reconnu quelque temps après, en ouvrant ces boîtes, que la pulpe du café amarello ou jaune avait été attaquée et presque complétement dévorée par ces petits insectes, tandis qu'ils avaient respecté celle du café rouge ou vermelho.

Si la proportion de principe sucré que contiennent les baies du café a, comme il est naturel de le penser, une influence favorable sur la qualité et l'arome de ces fèves, l'on voit que l'intervention de ces fourmis dans la question corroborerait l'opinion du naturaliste brésilien et les résultats de l'analyse chimique, en même temps que les conclusions des essais de dégustation, que nous ferons connaître plus loin.

Les avantages de la nouvelle variété de café ne se borneraient pas, d'après M. Guimaraës, à ces propriétés déjà précieuses.

Cet habile agriculteur ayant obtenu quelques-uns des fruits de ce café sauvage, quatre seulement, en avait semé les graines dans sa propriété, voisine de Rio-de-Janeiro.

Ces semences, en fructifiant, présentèrent un développement bien plus rapide que celui des graines ordinaires et donnèrent, après vingt mois seulement de plantation, une récolte plus abondante que celle des plantes ordinaires de six ans. Après ce court intervalle de temps, les nouveaux caféiers avaient atteint une hauteur de plus de deux mètres, à laquelle ne parviennent les arbustes ordinaires qu'après cinq ou six ans. Cet agronome fait remarquer, d'ailleurs, que le terrain qu'il consacrait à ces essais comparatifs, situé près du littoral de la province de Rio, n'est pas, à beaucoup près, dans des conditions de fertilité et de douceur climatérique aussi favorables que les terres de l'intérieur et qu'aucun moyen spécial n'avait été employé pour en augmenter la richesse.

Les graines du nouveau café avaient été semées comparativement dans les mêmes terrains que celles du café rouge ordinaire et soignées dans des conditions identiques.

M. Guimaraës ajoutait que les caféiers jaunes et encore jeunes qui, en 1874, lui avaient déjà donné une bonne récolte, en avaient produit une plus abondante encore en 1875; offrant ce résultat nouveau, pour la contrée, de la reproduction du fruit sur les mêmes axilles qui avaient fructifié l'année précédente, tandis que le caféier ordinaire, parvenu à son état normal, ne produit pas deux bonnes récoltes successives, dont l'intervalle est souvent de près de quatre ans, sans que jamais, dit-il, la fructification ait lieu d'une année à l'autre sur les mêmes axilles.

Les résultats obtenus par la culture de ce nouveau café ont naturellement excité l'attention de l'agriculture et du commerce brésilien, et il était d'un grand intérêt de reconnaître si, à la précocité, à l'abondance de la production [1], à son arome agréable, la nouvelle variété réunissait la propriété d'être aussi riche en caféine que le café rouge, dont la culture de plus en plus développée est devenue une source croissante de richesse pour le Brésil.

Tels furent les motifs qui engagèrent, en 1875, M. Ribeiro Guimaraës à demander le concours du Conservatoire des arts et métiers pour la solution de cette question intéressante.

Après en avoir conféré avec mon savant confrère, M. Péligot, qui s'était antérieurement occupé de l'étude des propriétés chimiques et physiologiques du thé, nous résolûmes de donner à cette question, aujourd'hui si importante pour les pays de production, pour notre commerce et pour l'hygiène publique, l'attention qu'elle méritait et d'étendre les recherches, qui nous étaient demandées, aux principales sortes de café qui entraient dans la consommation en France.

Difficultés de la question.

Cette comparaison des diverses variétés de café de différentes provenances est en elle-même une question assez complexe et délicate, car elle se compose de deux parties très-distinctes, dont l'une, la détermination de la proportion de cette substance amère qu'on nomme la caféine, est du ressort de l'analyse chimique, et dont l'autre l'appréciation de la saveur ou de l'arome, est essentiellement influencée par le goût personnel et par l'habitude des consommateurs, en même temps qu'elle dépend beaucoup des soins apportés à la culture, à la récolte, de l'état de siccité, de l'âge plus ou moins avancé de la graine, du mode de préparation de l'infusion.

1. Au sujet de la précocité et de l'abondance, de la production et de l'arome, il conviendra de s'assurer, si, comme pour d'autres végétaux transportés d'un sol pauvre dans un terrain plus riche, la supériorité du café jaune ne diminue pas avec le temps. Dans le cas où elle s'amoindrirait, il faudrait recourir à la graine sauvage pour la reproduction.

La première partie était du ressort de la chimie organique, et notre confrère, M. Péligot, avait bien voulu se charger de la direction des analyses délicates qu'elle comporte.

Malheureusement, après de nombreux essais, il a reconnu que les divers procédés employés jusqu'à ce jour pour parvenir à une détermination exacte de la proportion de caféine sont loin d'avoir à ses yeux une précision suffisante, et ne conduisent même pas à des résultats assez régulièrement comparatifs pour qu'on puisse en tirer des conséquences utiles.

Sans renoncer à voir examiner encore la question à ce point de vue, il y a donc lieu, quant à présent, pour la chimie, de se borner à poursuivre la recherche de procédés plus précis, et nous sommes ainsi conduits à nous contenter d'étudier le côté spécial qui concerne la consommation, question compliquée aussi par beaucoup d'éléments divers, parmi lesquels le côté commercial a une importance considérable qu'il est bon de signaler de suite.

Consommation du café en France.

Il résulte, en effet, des états publiés par l'administration des douanes que le commerce total de la France en cafés divers s'est élevé, en 1874 et 1875, aux chiffres suivants :

DÉSIGNATION.	1874.	1875.
Consommation en France........	38.708.912k	48.013.197k
Exportation..................	28.274.656	43.195.929
Total..........	67.083.568	91.209.126

Cette consommation, en France, est alimentée par des provenances diverses et dans les proportions suivantes :

PAYS DE PROVENANCE.		1874. QUANTITÉS	1874. Proportion à la consommation TOTALE.	1875. QUANTITÉS.		1875. Proportion à la consommation TOTALE.
		kilog.			kilog.	
Égypte et Afrique		1.222.865	0.031		1.530.172..	0.034
Indes Anglaises		5.328.080	0.137		7.524.383..	0.156
Indes Hollandaises		1.446.551	0.037		1.226.717..	0.026
Brésil		8.914.335	0.230		11.622.519..	0.243
Guatémala...	392.751	4.547.234	0.117	5.261.310	254.625	0.109
Vénézuéla...	3.119.047				3.865.485	
Nlle-Grenade.	1.035.436				1.141.240	
Haïti		11.199.433	0.290		13.057.995..	0.270
Guadeloupe..	288.151	796.100	0.021	370.436	157.543	0.008
Martinique..	84.119				31.066	
Réunion....	423.830				181.8[illegible]7	
Diverses		5.144.294			7.419.665..	0.154
Total		38.708.812			48.013.197..	1.000

La valeur réelle de cette quantité de café consommée est à son arrivée en France :

DÉSIGNATION.	1874.	1875.
Estimée à	88.256.320f	105.148.901f
Les droits perçus à l'entrée s'élèvent à	60.664.324	75.033.243
Total	148.920.644	180.182.144

Ce qui met le prix moyen à 3 fr. 85 le kilogramme en 1874, et à 3 fr. 75 en 1875.

On voit par ces chiffres que, si la production est une source de fortune pour les pays qui fournissent cette denrée, les droits actuellement perçus ne sont pas moins profitables au Trésor et s'élèvent à 70 ou 71 pour cent environ du prix de revient en France. C'est beaucoup plus que pour le vin, et bien plus qu'il serait désirable au point de vue de la santé publique, comme nous l'avons dit plus haut.

Augmentation de la consommation du café en France.

On remarquera sans doute avec satisfaction, au point de vue général de l'hygiène, que la consommation en France s'est accrue de 38,078,912 kil. à 48,013,197 kil. soit 10,065,715 kil. ou de 0,26 dans l'espace d'une seule année, de 1874 à 1875. A l'inverse, on verra que, dans cette consommation de la France, les cafés d'Égypte, de la côte orientale d'Afrique, connus sous le nom générique de cafés Moka, n'entrent que pour 0,031 en 1874, et que pour 0,054 en 1875, et ceux des colonies françaises, la Guadeloupe, la Martinique et la Réunion, ensemble, en 1874, pour 0,021, et en 1875 pour 0,008 seulement. Ce qui indique que dans nos colonies la production décroît notablement. Mais on peut assurer que sous le nom de cafés Moka, de Martinique ou de la Réunion, il se vend dans le commerce de bien plus grandes proportions de cafés d'autres provenances, dont les qualités permettent cette fraude commerciale, assez innocente du reste. Il en est ainsi des cafés du Brésil, qui ne figurent dans cet état, en 1874, que pour 8,914,335 kil., et en 1875 pour 11,622,519 kil. D'anciens préjugés, que le peu de soins apportés autrefois à la récolte justifiaient en partie, mais qui sont à peu près dissipés aujourd'hui, avaient conduit le commerce à les livrer comme café d'Haïti, dont l'introduction s'élevait, en 1874, à 11,199,433 kil. et en 1875 à 13,057,335 kil., tandis que ceux-ci leur sont en réalité inférieurs de qualité, comme on le verra plus loin. Le commerce est du reste aujourd'hui mieux édifié sur ce point.

Influence de l'âge.

Il en est des cafés bien récoltés de même que pour les vins, et surtout pour les vins généreux, l'âge en améliore la qualité, et une fois qu'ils sont parvenus à un degré de siccité convenable, ils se conservent indéfiniment.

On verra que nous en avons eu un exemple remarquable dans un échantillon parfaitement authentique, qu'une circonstance personnelle a mis à notre disposition, et qui provenait d'un présent fait, en 1829, à l'amiral de Rigny, après le combat naval de Navarin. On en trouvera la preuve plus loin.

Si, de même que le vin, le café n'acquiert ses qualités pour le consommateur que quand il a subi l'épreuve du temps, cette condition est aussi un obstacle à ce que le commerce le livre dans les meilleures conditions désirables.

En effet, les cafés les plus secs, dont la couleur est, en général, jaune pâle, ont une densité gravimétrique, déterminée sans tassement, d'environ 500 grammes au décimètre cube, tandis que ceux qui ont une apparence verdâtre, et dont la récolte ne date pas de plus d'un à deux ans, pèsent en moyenne 680 grammes à 700 grammes, et parfois plus au décimètre cube.

Or, le café se vendant toujours au poids, le producteur et le commerce ont intérêt à le livrer nouveau ou vert, parce que le consommateur ordinaire ne voudrait pas payer la différence de prix correspondant à celle de la densité.

Cela est si vrai, que les marchands des très-bons cafés de la côte d'Afrique, dits *moka de Zanzibar*, ne peuvent habituellement livrer que des cafés de deux ans au plus, au prix de 4 fr. 80 le kilogramme, et rarement à la densité de 500 grammes, parce que si les cafés étaient parfaitement secs, ils vaudraient plus de 6 fr. 50, en tenant compte de la perte par dessiccation et de l'intérêt de leur prix d'achat.

A l'appui de ces observations, nous donnerons le tableau suivant des densités gravimétriques ou du poids du décimètre cube des différents cafés que nous avons examinés, avec l'indication approximative de leur âge depuis la récolte et du nombre de grains au décilitre.

Ce dernier renseignement, sans être bien important, n'est cependant pas indifférent à connaître, attendu que les variétés les plus fines de goût sont, en général, celles dont le grain est le plus petit, sauf certaines exceptions que nous signalerons.

Densité gravimétrique des cafés vieux.

NUMÉROS.	PROVENANCES.	DATE de la RÉCOLTE.	ÉTAT ET GROSSEUR DES GRAINS.	DENSITÉ gravimétrique.	NOMBRE DE GRAINS au décilitre.
1	**Moka** (amiral de Rigny)	1828 au plus tard	Grains réguliers, fins	500 gr.	510
2	**Moka** d'Aden (Messageries)	1874	Très-mêlés, médiocrement recoltés	606	554
3	**Moka** de Zanzibar (Missionnaires)	1874	Id. id	600	476
4	**Java**	1874	Grains réguliers, gros	455	338
5	**Réunion**	1869	Grains réguliers, fins, légèrement pointus aux extrémités	630	488
6	**Brésil**	1872	Grains réguliers, gros	522	294
7	**Brésil** de Gantagallo	1866 à 1871	Id. id	625	
8	Brésil. Nº 16. 8 ans	1867	Id. id	460	310
9	Province Nº 17. 4 ans	1871	Id. id	544	293
10	de Rio. Nº 18. 3 ans	1872	Id. id	586	354
11	**Vénézuéla**	1865	Grains réguliers ovoïdes, moyens	654	
12	**San-Salvator**	1873	Id. id	662	400
13	**Cochinchine**		Grains petits, réguliers	614	544
14	**Rio-Nunez**	inconnue	Id. id	580	618
15	**Nossi-Bé**	mais	Grains irréguliers, moyens	534	432
16	**Nossi-Bé** (café sauvage)	tous très-secs.	Grains réguliers ovoïdes, très-petits	440	552
17	**Gubon**		Grains irréguliers, gros	490	336
18	**Kanola** (Nouvelle-Calédonie)		Grains réguliers, moyens	570	442
19	**Gubon**				
20	**Brésil** (Capa Santo-Spirito, Nº 10)	1875	Grains réguliers, gros, probablement desséchés artificiellement	567	318
21	**Ceylan** (Province de Galles)	moyent. sec.	Grains réguliers, fins	580	452
			Moyennes	530	444

Densité gravimétrique des cafés jeunes et verts.

NUMÉROS.	PROVENANCES.	DATE de la RÉCOLTE	ÉTAT ET GROSSEUR DES GRAINS.	DENSITÉ gravimétrique.	NOMBRE DE GRAINS au décilitre.
	PROVINCE DE RIO.			gr.	
8	Grenu. } M. de Rocha-Leao	1875	Grains réguliers, fins	674	316
9	Plat... } M. de Rocha-Leao	1875	Id., plus petits que les précédents	688	406
11	Rond.. } M. de Rocha-Leao	1875	Grains réguliers ovoïdes, fins, fève unique	692	400
14	M. Friburgo et fils	1875	Grains réguliers, gros, couleur olive assez forte.	708	390
15	Id. id	1875	Id. id	700	386
13	Cafés lavés. } MM Friburgo et fils	1875	Grains réguliers, gros, vert olive clair	676	398
11	Cafés lavés. } Baron de Rio-Bonito	1875	Id. id	698	390
20	Cafés lavés. } Comte de Paulo Santos	1875	Id. id	694	384
12	Santos Païva	1875	Grains réguliers, fins, un peu ovoïdes	624	466
5	Colonel Rib. de Avilas	1875	Grains réguliers, gros	672	398
7	Dr Christobal Correa-Castra	1875	Id. id	670	458
2	E. Alvès Barbosa	1875	Grains réguliers, moyens	684	398
3	Ve Barra Maria	1875	Id. id	678	410
21	Fco Maxido Maxdo	1875	Grains réguliers, gros	657	358
22	Lucio Correa et Castro	1875	Vert olive, id	678	370
23	F. Leite Guimaraës	1875	Id. id	698	398
24	C. Antº Estiver	1875	Id. moyens	696	418
	Cafe Amarello (jaune), de M. Guimaraës	1875	Id. gros	640	388
	Café Vermelho (rouge)	1875	Id. id	665	380
1	Province de Mina Garaès	1875	Grains réguliers, fins	672	412
4	Id. id	1875	Id. id	620	412
6	Id. id	1875	Id. id	668	380
			Moyennes	000	000

Observation. — Tous les cafés du Brésil indiqués dans cette note comme cafés jeunes ou verts venaient effectivement de la récolte de l'année même, parce qu'au Brésil cette opération commence en avril ou mai et qu'elle se prolonge parfois jusqu'en septembre, même en novembre, par suite d'irrégularités dans la maturité. L'on a soin de ne cueillir les fruits qu'au fur et à mesure de cette maturité, de sorte que l'opération dure environ six mois.

Densité gravimétrique des cafés divers (suite).

PROVENANCES.	DATE de la récolte.	ÉTAT ET GROSSEUR DES GRAINS.	DENSITÉ gravimétrique	NOMBRE de grains au décilitre.
Brésil. M. de Nioac.	1873	Grains réguliers ovoïdes, fins.	682	412
Brésil. M. de Nioac.	1873	Grains réguliers, plats, fins.	662	424
Guadeloupe..............	1873	Id. gros.....	660	382
Martinique.......... ..	1873 à 1874	Id. moyens...	620	414
Haïti. Cayes...........	1874	Id. gros.....	610	384
Haïti. Saint-Marc.......	1874	Id. id......	642	358
Haïti. Cap.............	1874	Id. id......	616	416
Zanzibar (de la Cie Lombard).	1874	Id. fins......	665	502
		Moyennes........	665	409

De la forme générale des grains de café.

Il était intéressant de savoir si la forme apparente des grains du café pouvait servir à en reconnaître la provenance et la variété. J'ai eu recours, à cet effet, à l'expérience de mon savant confrère, M. Duchartre, l'illustre botaniste, et je l'ai prié d'examiner, sous ce point de vue, un certain nombre de cafés, dont la provenance m'était bien connue.

Dans ce but, je lui ai remis des échantillons des variétés suivantes :

Moka très-ancien, moka de Zanzibar, Réunion, Martinique, Ceylan, Java, Saint-Domingue, Brésil, de MM. Rocha Leao, Friburgo et Leite Guimaraës.

Je transcris ici le résultat de cet examen :

« Les dix échantillons envoyés ne présentent entre eux, quant « à l'apparence extérieure, que des différences peu prononcées, « et je doute qu'à l'exception d'un ou deux cas on puisse en tirer

« un caractère assez net pour faire reconnaître la provenance de « chacun.

« La couleur fournirait peut-être un indice plus apparent et « plus tranché, si on ne savait (comme on le verra plus loin) « qu'elle est influencée par la nature du terrain, et que pour sa- « tisfaire au goût de certains pays du Nord, les producteurs sont « parfois conduits à donner à leur café une couleur olivâtre. « L'organisation intérieure étant la même dans les grains de tous « les échantillons, ainsi qu'on le constate en les coupant en tra- « vers ou en long, il ne reste, comme moyen de comparaison, « que l'examen des caractères extérieurs, dont on résumera les « conséquences ainsi qu'il suit :

« 1° *Forme générale.* — Sous ce rapport, un seul échantillon « se distingue au premier coup d'œil de tous les autres, c'est « celui du café de la Réunion. Ses grains sont notablement plus « allongés, relativement à leur largeur, et moins épais que tous « les autres ; de plus, leurs deux extrémités sont moins obtuses et « moins arrondies et presque pointues, tandis que celles de toutes « les autres variétés sont fortement émoussées et arrondies. »

On verra cependant, un peu plus loin, que le café de Vénézuéla et qu'un des échantillons du Brésil, fourni par M. de Rocha Leao, se présentent dans une très-grande proportion sous la forme très-caractérisée de grains complétement arrondis ou ovalaires, qui ont fait l'objet d'un examen particulier de la part de M. Duchartre.

2° *Égalité ou inégalité des grains.* — L'apparence, sous ce rapport, dépend évidemment beaucoup des soins donnés à la culture et surtout à la récolte. Les cafés du Brésil, en général, et l'on pourrait dire sans exception, sont remarquables quant à la netteté, à la régularité des grains. Ceux de Saint-Domingue et de la Martinique sont aussi assez égaux. Mais il en est tout autrement des différentes variétés de café Moka et même de celui de la Réunion, quoique ce dernier soit bien trié quant au mélange de grains ou de corps étrangers.

3° *Grosseur des grains.* — On a vu dans les tableaux précédents que certains cafés du Brésil sont à gros grains, mais qu'en général ils sont de grosseur moyenne de 400 à 450 grains au décilitre, parmi ces derniers sont ceux qui ont paru les plus fins à la dégustation.

Les cafés moka et ceux de la Réunion sont aussi notablement plus petits.

4° *Proportion des grains ronds.*— Certains cafés ayant particulièrement attiré notre attention sous ce rapport, nous avons aussi soumis la question à notre confrère M. Duchartre, qui a bien voulu nous répondre dans les termes suivants :

« La baie du caféier renferme normalement deux graines, vul-« gairement appelées *fèves,* qui se trouvent situées en face l'une « de l'autre. Il en résulte que les deux faces en regard étant for-« cément planes, chaque graine a une face interne plane et une « face externe convexe. La ligne d'union des deux faces forme « une arête légèrement émoussée. Mais il arrive sur certains « pieds, qui paraissent même avoir donné lieu à des races, que « l'une des deux graines avorte constamment. Dans ce cas, la « graine restée seule n'étant nullement gênée dans son dévelop-« pement par une antagoniste infléchit fortement ses deux côtés, « et il en résulte que la section transversale de cette graine de-« vient à peu près circulaire, tandis que celle des graines nor-« males est simplement demi-circulaire.

« Il semblerait que, dans les cafés formés ainsi de graines qui « sont venues seules dans leur baie, les grains dussent être plus « gros comme ayant été mieux nourris, mais il n'en est rien. »

En effet, en jetant les yeux sur les tableaux précédents, dont nous reproduisons quelques chiffres dans le suivant, on reconnaît que les densités gravimétriques et les nombres de grains au décilitre sont à peu près les mêmes pour les cafés ordinaires et pour les cafés ronds du même âge au même état de siccité.

Il convient d'ailleurs de faire remarquer que, dans les variétés désignées sous le nom général de café rond, la plus grande partie des graines a réellement cette forme, quoique l'on y trouve toujours quelques grains plats, de même que dans les cafés ordinaires il y a aussi une certaine proportion de grains ronds.

Le tableau suivant donne pour quelques variétés, et en particulier pour les cafés ronds, la proportion approximative des deux sortes de grains.

Proportion des grains plats et des grains ronds dans certains cafés.

PROVENANCE.	AGE depuis la récolte.	DENSITÉ gravimétrique.	NOMBRE de grains au décilitre.	PROPORTION DES GRAINS.	
				PLATS.	RONDS.
		gr.			
Moka	1829	500	510	62	32
Réunion	1869	630	488	94	6
Brésil ordinaire	1872	522	294	92	8
Brésil de Minas Géraës	1875	680	412	90	5
Brésil, Rocha Leao, rond	1875	692	400	4	96
Id. plat	1875	688	406	100	0
Vénézuéla	1865	654	400	25	75
San-Salvador	1873	662	»	19	81
Nossi-Bé, cultivé	très-sec.	584	432	93	7
Nossi-Bé, sauvage	très-sec.	440	752	67	33
Moka Zanzibar	1874	661	502	91	9
(Province de Rio) de M. de Nioac	1873	668	424	93	7
Ceylan (Pointe de Galles)	moyen sec	580	452	90	10

Ce tableau montre, avec évidence, qu'il y a effectivement certaines variétés de cafés dont le grain rond et unique est le type, le grain plat n'étant que l'exception. Tels sont ceux obtenus au Brésil par M. de Rocha Leao, ceux de San-Salvador et de Vénézuéla.

L'on reconnaît aussi que dans les cafés fins le mieux cultivés, le nombre des grains plats domine d'autant plus que les soins apportés à la récolte ont été plus grands. Ainsi, dans le moka de choix donné, en 1829, à l'amiral de Rigny, le nombre de ces grains plats n'était que de 62 sur 100. Aujourd'hui, dans les mokas de Zanzibar, bien récoltés par les soins de la compagnie spéciale qui les exploite, il est de 91 sur 100. De même, pour le café de la Réunion, il est de 94 sur 100, pour celui de Ceylan de 90 sur 100, pour celui de Rio, qui a été donné par M. de Nioac, de 93 sur 100. Enfin, le café dit plat, de M. Rocha Leao, paraît complétement exempt de grains ronds [1]. Un résultat analogue s'ob-

1. On m'a assuré d'ailleurs que chez cet habile propriétaire l'on exécute mécaniquement la séparation des grains plats ou ronds; ce qui expliquerait le résultat précédent.

serve sur la plupart des cafés du Brésil, et il est remarquable que le café sauvage de Nossi-Bé présente aussi une proportion de 67 sur 100 de grains plats.

On a vu par les tableaux précédents que la densité gravimétrique moyenne des cafés secs est d'environ 530 grammes au décimètre cube, mais qu'elle s'abaisse parfois à 500 grammes et au-dessous.

Parmi les cafés vieux, il en est quelques-uns dont la densité gravimétrique excède de beaucoup la moyenne. De ce nombre sont le moka d'Aden, de Zanzibar, le café de la Réunion et celui de la Cochinchine.

Le tableau précédent relatif aux cafés jeunes ou verts, ou récoltés depuis moins d'un an, montre combien la densité est influencée par l'âge, puisque pour les cafés d'un an de récolte la valeur moyenne est de 669 grammes, soit 670 grammes au décimètre cube, tandis que pour certains cafés vieux cette moyenne ne s'élève qu'à 559 grammes; ce qui établit entre le poids du décimètre cube une différence de 110 grammes ou d'environ 21 pour cent, et obligerait à vendre de 5 fr. à 6 fr. le kilogramme des cafés vieux, tandis que la même variété de deux ans de récolte ne vaudrait que 4 fr., y compris les droits de douane en France.

On va voir cependant que pour d'autres cafés très-bons, tels que ceux de MM. Friburgo et fils, la perte par dessiccation après dix à onze ans ne s'élève guère qu'à 0,10.

Effets de la dessiccation naturelle des cafés.

MM. Friburgo et fils ayant bien voulu nous envoyer récemment des échantillons de leurs cafés de Cantagallo des années 1866, 1867, 1868, 1870, 1871, 1872, 1873, 1875, c'est-à-dire de huit récoltes différentes, il nous a été possible de constater qu'abstraction faite de l'influence parfois très-sensible des variations de la saison, et des circonstances dans lesquelles la récolte a été faite, la densité gravimétrique du café de ces producteurs, qui, en 1876, avait été trouvée pour ceux de 1875 voisine de 700 grammes au décimètre cube pour les cafés non lavés, n'était plus après cinq ou six ans que de 625 grammes, et qu'à partir de cet âge elle cessait de diminuer sensiblement.

Elle a été en effet trouvée, en 1877, pour le café des années :

	1866.	1867.	1868.	1870.	1871.
Ou après.. —	11 ans.	10 ans.	9 ans.	7 ans.	6 ans.
Égale à.... =	627 gr.	637 gr.	618 gr.	616 gr.	622 gr.

Moyenne générale 625 grammes au décimètre cube.

Il résulte donc de cette comparaison que le café conservé en lieu sec arrive à un état normal de siccité après cinq ans environ, et que c'est à cet âge qu'il convient seulement de le consommer.

Cet état est d'ailleurs généralement manifesté, comme nous l'avons dit, par la couleur apparente du café, qui devient alors jaune plus ou moins clair, suivant la nature du sol où il a crû et celle du climat.

Ainsi les cafés moka ont une teinte jaune-orange tirant un peu sur le rouge, dont ceux de M. Friburgo de Cantagallo et ceux de la Martinique s'approchent un peu, tandis que ceux de la Réunion sont d'un jaune plus pâle, et que ceux du Brésil, du district de Campinas, sont tout à fait pâles.

Mais on voit en même temps que la perte de poids par la dessiccation naturelle s'élève en moyenne à environ 0,10 de celui qu'a le café après la récolte, lorsqu'il est livré au commerce.

Il convient de rappeler, comme chacun le sait, que l'âge des cafés n'a pas seulement pour résultat de leur enlever une partie de l'humidité qu'ils contiennent naturellement. Il a surtout pour effet de leur faire perdre cette saveur particulière et désagréable qu'on désigne sous le nom de goût de *vert*, tout en leur conservant l'arome particulier à chaque variété.

C'est ce qui, pour les consommateurs, donne une valeur particulière aux vieux cafés conservés dans des lieux secs, et doit engager les vrais amateurs à s'approvisionner longtemps d'avance de café comme de vin.

Observation relative à l'influence du sol sur la couleur des cafés.

Si l'âge des cafés ou le temps écoulé depuis l'époque de la récolte se manifeste d'ailleurs la plupart du temps par leur couleur plus ou moins voisine du jaune clair, il convient de remarquer, comme nous l'avons fait, qu'ils atteignent cette teinte à des époques différentes, suivant leur couleur primitive plus ou moins foncée, selon la nature du sol et selon le climat.

D'après des renseignements qui m'ont été communiqués par un propriétaire éclairé du Brésil, et conformément aux indications données par le docteur J. Moreira, il existe dans la couleur et la qualité du café de ce pays des différences notables, principalement dues à la nature du sol et à l'exposition.

Voici ce que dit Moreira :

« Généralement, le caféier cultivé dans les terrains bas donne « un fruit plus développé, d'une couleur foncée et d'une saveur « peu prononcée. Celui que l'on cultive dans les terrains élevés « donne de petites graines blanchâtres ayant un goût et un « arome très-forts et très-agréables. »

Les terres moyennement légères et siliceuses paraissent être les plus favorables à sa qualité. Celles qui sont trop riches en humus et qui ont l'aspect noirâtre fournissent des cafés moins fins, et dont la coloration plus foncée persiste plus longtemps.

Ces circonstances nous ont expliqué les grandes différences que nous remarquions, quant à la couleur, des diverses variétés de de cafés qui nous avaient été envoyées.

Salubrité des terrains propres à la culture du café.

Il résulte du passage de l'ouvrage de Moreira, que nous venons de citer, que les terrains propres à la production des meilleurs cafés sont les sols élevés, les terres légères et siliceuses, et par conséquent ceux qui réunissent aussi les meilleures conditions de salubrité.

Ce dernier point de vue, étranger à la question qui nous occupe, mérite cependant l'attention sous les rapports de la colonisation et de l'immigration pour laquelle la réputation d'insalubrité, injustement étendue à tous le pays, n'est nullement fondée. L'on voit, en effet, que les agriculteurs qui voudraient se livrer, au Brésil, à la culture si facile et si fructueuse du café y trouveraient à la fois profit et sécurité.

Essais de dessication artificielle.

L'ensemble de ces observations et la considération de l'augmentation du prix des cafés qui serait la conséquence du déchet de 0,10, résultant de la dessiccation naturelle pendant cinq ans, jointe à celle de la perte d'intérêt durant ce long intervalle, m'ont engagé à rechercher si par des moyens simples, rapides et peu dispendieux, l'on ne pourrait pas parvenir à enlever au café nouveau, en très-grande partie au moins, le goût de vert qui le déprécie.

A cet effet, j'ai eu recours au procédé employé pour la dessiccation et la conservation des légumes frais : l'étuvage et la ventilation.

Les essais ont été faits avec soin dans l'usine de M. Groult aîné, habile fabricant de pâtes alimentaires, qui, pour un autre produit aussi abondant qu'important de cette contrée, a dans le Brésil des relations commerciales qu'il se propose d'étendre au grand avantage des deux nations amies.

Les premiers de ces essais ont été exécutés sur des cafés de Cantagallo de MM. Friburgo et fils, qui m'avaient été envoyés en 1876, et provenaient de la récolte de 1875. Les échantillons choisis étaient du café lavé et du café non lavé de ces producteurs.

Dans de premiers essais, la température de l'étuve a été maintenue entre 70° et 75°, mais la ventilation n'avait lieu que pendant le jour ou la moitié du temps. Le café était étendu sur des toiles métalliques, de sorte qu'il était également aéré et chauffé en dessus et en dessous.

Les résultats de ces expériences sont résumés dans le tableau suivant :

Étuvage et ventilation des cafés à la température de 70° à 75°.

DURÉE DE		PERTE PAR DESSICCATION.		APPARENCE.
l'étuvage.	la ventilation.	N° 13. Café lavé	N° 14. Café non lavé.	
96h	48h	0.102	0.102	Les deux échantillons déjà légèrement décolorés sont devenus jaunes rougeâtres, comme les cafés des mêmes producteurs de 1866, ou de 11 ans d'âge.
144	72	0.102	0.090	
480	240	0.112	0.102	Les deux échantillons semblent avoir subi un léger commencement de torréfaction qui n'y a pas développé de goût.

La dégustation de ces cafés torréfiés au même degré et employés à dose égale que les cafés de même provenance, n° 13 et n° 14, a montré qu'après 95 heures seulement de séjour à l'étuve le goût de vert avait disparu, comme par la dessiccation naturelle prolongée. Mais en même temps, il a semblé qu'il serait plus nuisible qu'utile de prolonger l'opération au delà de ce terme, à moins qu'il ne s'agit de cafés tout à fait verts.

On arriverait ainsi à pouvoir livrer, peu de temps après la récolte, des cafés arrivés à très-peu près au même état que s'ils étaient plus vieux de quatre à cinq ans. Il y aurait, il est vrai, le même déchet de 10 pour cent que par la dessiccation naturelle prolongée, mais on éviterait la perte d'intérêt qu'elle occasionne. La dépense de combustible nécessitée par l'étuvage me semble de peu d'importance dans un pays où le combustible n'a qu'une faible valeur; mais ce chauffage exige des soins et des précautions, dont il pourrait être bon de se dispenser.

Le but principal de la dessiccation artificielle ne doit pas être d'enlever aux cafés nouveaux l'humidité qu'ils contiennent encore après la récolte, mais bien, s'il se peut, et surtout, le principe essentiel du goût de vert, et pour que l'opération s'introduise dans la pratique agricole, il faut la réduire aux termes les plus simples. Il m'a donc paru utile de chercher à la limiter à la ventilation par courant d'air à grande vitesse, à la simple température de 30° à 35°, qui est celle de l'air ambiant au Brésil, au moment de la récolte.

C'est dans cette intention que j'ai fait exécuter chez M. Groult les expériences suivantes :

Quatre échantillons de 500 grammes chacun des cafés de Cantagallo, envoyés par MM. Friburgo et fils, provenant de la récolte de 1875, ce qui leur donnait déjà deux ans d'âge, ont été mis dans les étuves dont la température a été maintenue à 30° ou 35°, et ils y ont été soumis à une ventilation active, qui ne s'exerçait que pendant les journées de la semaine, tandis que les cafés sont restés avec continuité jour et nuit dans l'étuve.

La durée de cette dessiccation a été différente pour ces échantillons, et les résultats de cette expérience sont consignés dans le tableau suivant :

DURÉE DE		PERTE par DESSICCATION.	APPARENCE ET OBSERVATIONS.
l'étuvage.	la ventilation.		
168h	72h	0.086	Ces quatre échantillons ont perdu à peu près le même poids dans l'opération, et leur apparence ne s'est pas modifiée sensiblement. Elle est restée celle de cafés de deux ans de récolte.
336	144	0.079	
504	216	0.082	
672	288	0.086	
		0.083	

A la dégustation et comparé, dans des conditions aussi identiques que possible, avec du café du même producteur de l'année 1871, c'est-à-dire après six ans d'âge de récolte, le café, ventilé à 30° ou 35° pendant trois ou quatre semaines, a paru aussi bon et de même qualité que celui de 1871, desséché naturellement.

Le café qui avait seulement subi quinze jours d'étuvage a semblé également débarrassé du goût de vert qu'il avait encore après deux années écoulées depuis sa récolte.

Pour appliquer les résultats de ces essais, le café devrait être, croyons-nous, déposé en couches de 0m,05 au plus sur des châssis garnis de toiles métalliques, qui laisseraient librement circuler l'air au-dessus, au-dessous et au travers des couches. Une étuve, ayant seulement quatre rangées de châssis de 1m,50 de largeur, disposées sur une longueur de 10 mètres, suffirait pour débarrasser ainsi du goût de vert, en un mois environ, 2000 kil. de café ayant passé quelque temps au soleil.

L'on comprendra sans peine, qu'étranger aux conditions de la culture et de la récolte, je me contente d'appeler l'attention des producteurs de café sur les conséquences à tirer des observations précédentes. Eux seuls peuvent en apprécier l'utilité.

Préparation du café.

Les soins donnés à la préparation des cafés sont, on le sait, d'une très-grande influence sur l'appréciation qu'on peut faire de leurs qualités; aussi nous excusera-t-on d'entrer à ce sujet dans quelques détails.

L'opération la plus importante est celle de la torréfaction, qui doit être faite dans l'appareil appelé brûloir, sur un feu de charbon de bois assez vif et surtout bien constant, et en tournant l'appareil d'un mouvement lent mais continu. L'on doit s'attacher à obtenir une teinte marron, peu foncée, bien uniforme, qui cependant ne doit pas être uniquement la même pour tous les cafés. Sous l'action de la chaleur, la fève se gonfle, dégage une odeur *sui generis*, aromatique, et son volume augmente dans une proportion qui est généralement comprise entre 1,50 et 1,60, quoique pour certains cafés elle atteigne 1,75.

La perte au brûloir doit varier avec le degré de siccité du café. Pour atteindre le degré de torréfaction convenable pour les cafés secs, il ne convient pas que cette perte dépasse 0,13 à 0,15 ; mais elle peut s'élèver à 0,18 pour certains cafés encore jeunes sans pour que cela ils paraissent trop brûlés. Le goût particulier des consommateurs exerce d'ailleurs une grande influence sur cette proportion. Cependant, nous devons ajouter que quand la perte dépasse les chiffres précédents et atteint 0,18 à 0,20 et plus, le café prend une couleur noire et une apparence huileuse qui donne, peu de temps et surtout quelques jours après l'opération, lieu à la formation de goutelettes huileuses susceptibles de tacher le papier. Le café ainsi torréfié fournit une infusion plus forte, mais d'un goût amer et d'autant plus âcre que l'opération a été poussée plus loin. Il ne convient pas d'ailleurs de brûler le café ni de le conserver brûlé plusieurs jours avant de le consommer, parce que même quand il n'a été torréfié qu'au degré convenable, il s'en dégage peu à peu un principe huileux, qui en s'altérant à l'air, lui communique un mauvais goût. Quand le café a été convenablement torréfié dans les proportions indiquées ci-dessus, la dose convenable pour une tasse ordinaire d'un décilitre de capacité est de 25 grammes, ce qui, quand il est moulu, correspond à un volume d'un peu moins d'un décilitre. La proportion d'eau est pour une seule tasse d'environ un décilitre et demi, y compris celle qui reste absorbée par le marc; pour plusieurs tasses, elle peut être un peu moindre [1].

Enfin, l'on doit recommander de n'employer pour l'infusion que de l'eau à une température un peu inférieure à celle de l'ébullition, de ne se servir que de vases en faïence, en porcelaine ou en verre; ce qui exclut l'usage des cafetières en métal et celui des appareils à vapeur trop préconisés.

C'est dans les conditions que l'on vient d'indiquer qu'ont été faits les essais de dégustation dont on va rendre compte, et qui ont eu particulièrement pour objet la comparaison des cafés parvenus à un état de siccité convenable pour éviter autant que possible l'influence fâcheuse du goût de vert, qui aurait fait classer défavorablement des cafés de très-bonne qualité, mais pas assez vieux.

Dégustation des cafés.

Pour procéder à la dégustation des nombreuses variétés de café que nous nous proposions d'examiner, nous n'avons pas voulu, M. Péligot et moi, nous en rapporter à nos appréciations personnelles et nous avons réclamé le concours d'amateurs et de consommateurs industriels expérimentés et éclairés eux-mêmes par le public.

En conséquence, dans une première série d'essais [2] faits au printemps de 1876, nous nous sommes réunis à MM. Laborie, médecin, Heuzé, de la Société centrale d'agriculture, Bignon et Magny, chefs de deux grands établissements de consommation, et, dans plusieurs séances, nous avons cherché à nous rendre

1. D'après ce dosage on voit qu'au prix de 4 francs le kilogramme de café non brûlé, la tasse d'un décilitre revient à 12 centimes.

2. La dose employée dans ces essais a été de 25 grammes de café torréfié par tasse d'un décilitre.

compte des qualités relatives des vingt-trois variétés les plus complétement sèches de café dont nous pussions disposer pour le moment.

Mais, pour une partie de ceux du Brésil, parmi lesquels se trouvaient les plus renommés, qui n'étaient que de la récolte du printemps de 1875, les appréciations naturellement moins certaines n'ont pu à cette époque être que provisoires, et n'ont été produites qu'à titre de renseignements dans une première rédaction de cette note. Nous nous réservions d'y revenir plus tard, quand ils seraient parvenus à un degré convenable de dessiccation, ou quand nous aurions reçu de nouveaux échantillons plus vieux des mêmes cafés.

Grâce à l'obligeance de M. le commandant Rocha Leao, de la province de Rio, municipe de Rezende, de MM. Friburgo et fils, de la même province, municipe de Cantagallo, et de M. le Baron dos tres Rios, de la province de San Paolo, Campinas, ce désir a été très-largement satisfait, et nous avons reçu, outre les premiers envois, les variétés suivantes :

1° De M. le commandant Rocha Leao, des cafés des récoltes de 1875 et de 1876. Les premiers ayant déjà un commencement de dessiccation soit naturelle, soit artificielle, conservaient encore un peu l'apparence verdâtre des cafés jeunes. Leur densité gravimétrique était respectivement de 649 gr. et 663 gr.

2° De MM. Friburgo et fils, des cafés des années :

	1866.	1867.	1868	1870.	1871.	1872.	1873.	1875.
Ayant les densités gravimétriques de...	627	637	618	616	622	640	631	661

Moyenne.................... 625

3° De M. le Baron dos tres Rios, de Campinas, des cafés de :

	1874.	1875.	1876.
Ayant les densités gravimétriques.	515 gr.	623	627

Ces derniers cafés, d'un jaune pâle, semblaient au premier coup d'œil parfaitement secs, et quelques grains portaient l'indice d'une dessiccation artificielle.

Une circonstance accidentelle m'avait, en outre, procuré un échantillon parfaitement authentique du meilleur café Martinique, envoyé en présent à monseigneur l'évêque de Grenoble, récemment revenu de cette colonie.

A l'aide de ce supplément, relatif à des variétés justement renommées et antérieurement très-appréciées dans les expositions universelles, il m'a été possible de compléter les comparaisons antérieures.

Quoiqu'il n'existe, à vrai dire, au point de vue de l'arome, de différence bien prononcée que pour les cafés Moka, nous partagerons cependant les cafés dégustés en deux classes.

DÉGUSTATION. — *Cafés secs ayant un arome prononcé.*

PROVENANCE.	AGE depuis la récolte.	OBSERVATIONS.
Moka..............	au moins 46 ans.	Donné en 1829 à l'amiral de Rigny après le combat Navarin. Assez bien récolté, a conservé son arome, sa finesse de goût et a été trouvé très-bon.
Moka..............	environ 12 ans..	Donné en présent à M. Bignon, par un consul à Alexandrie. A conservé son arome et a été trouvé très-bon.
Moka de Zanzibar....	2 à 3 ans......	Fourni par la Compagnie du café de Zanzibar, très-bien trié, pas encore assez sec. A été trouvé très-bon.
Moka de Zanzibar....	5 à 6 ans......	Donné par les Missionnaires de la côte d'Afrique, mêlé de grains irréguliers. Très-bon.
Moka, acheté à Aden.	3 ans..........	Fourni par la Compagnie des Messageries maritimes, mêlé de grains irréguliers. Très-bon.
Brésil, de Rezende, de M. Rocha-Leao.	2 ans.	Ce café, quoique encore trop jeune, a été torréfié à 0.14 et 0.15 de perte au brûloir. Il a été comparé à diverses reprises et concurremment à doses identiques de cafe et d'eau, au Moka, au Martinique et au Bourbon. 1° Par rapport au Moka, il a paru posséder un arome un peu moins fin, mais très-agréable, très-franc, et il a fourni, à dose identique, une infusion plus forte. 2° Par rapport au Martinique, le café de M. Rocha Leao, fournit une infusion plus forte, d'un goût très-agréable et très-prononcé. 3° Par rapport au Bourbon, ce même café a donné une infusion aussi forte, mais ayant plus d'arome.
Brésil, de Cantagallo de MM. Friburgo et fils.	depuis 2 ans jusqu'à 11 ans.	Ce café dont on avait des échantillons d'âges très-divers, a été torréfié à des degrès qu'on a dû faire varier un peu avec l'âge. Celui de 11 ans d'âge, torréfié à 0.12 ou 0.13 de perte, semble un peu trop brûlé; celui de 6 à 7 ans, peut l'être à 0.15; celui de 2 ans à 0.16. Il a été comparé au Martinique et a été trouvé au moins aussi agréable comme arome. Il donne une infusion plus forte. Par rapport au Bourbon, il a plus d'arome et de force.
Martinique.........	très-sec........	Très-bien récolté; très-bon.
Ceylan............	très-sec........	Très-bien récolté; très-bon.
Brésil, café amarello.	18 mois........	Ce café amarello, à baies jaunes, remis par M. Guimaraës, est très-bien récolté. Il est très-bon et a de l'arome.
Nossi-Bé..........	très-sec........	Café cultivé; remis par la direction des Colonies. Bien récolté, bon et fin.
Brésil, province de Rio.	1873..	Donné par M. de Nioac. Bien récolté, paraît encore un peu jeune; bon, a de l'arome, et peut être mêlé avec des cafés doux pour en relever le goût.
Nouvelle-Calédonie...	très-sec........	Assez bon, a de l'arome.

DÉGUSTATION. — *Des cafés doux, secs.*

PROVENANCE.	AGE depuis la récolte.	OBSERVATIONS.
Réunion (Saint-Leu)..	1869..........	Très-bien récolté; d'un goût très-fin et agréable.
Id.	1874..........	Très-bien récolté; très-bon quoiqu'encore jeune.
Brésil (Province de Rio)	1872..........	Remis par M. Guimaraës, très-bien récolté; très-sec, d'un goût franc et agréable.
Id. n° 16...	1867 (8 ans)....	Très-bien récolté; très-sec, goût franc et agréable.
Campinas (M. le Baron dos tres Rios).....	de 4 ans et d'un an	Ce café en apparence très-sec, quoiqu'encore jeune, a été brûlé à 0.15 de perte, ce qui a paru dépasser le degré convenable. Il a de l'arome.
Brésil, de Santo Paulo Campinas, n° 17...	1871 (4 ans)....	Très-bien récolté; très-sec, goût franc et agréable.
Brésil (Santos-Païva), n° 18............	1872 (3 ans)....	Très-bien récolté; sec, goût franc et agréable.
Brésil (Province de Rio)	1874..........	Café Vermelho, remis par M. Guimaraës, sec, goût franc et agréable.
Brésil (n° 10), Capitania de Spiritu Santo...	1875..........	Très-bien récolté; très-sec, probablement desséché artificiellement, goût franc et agréable.
Vénézuéla.........	1865..........	Café rond, n'ayant qu'une fève; goût doux et agréable.
San-Salvador.......	1873..........	Café rond, n'ayant qu'une fève; goût doux et agréable.
Guadeloupe.........	1873..........	A peu près sec, médiocrement récolté; goût doux, mais faible.
Java...............	1873	Très-sec, médiocre.
Cochinchine........	1873..........	Très-sec, médiocre.
Rio-Nunez..........	1873..........	Très-sec, médiocre.
Gabon..............	1873..........	Très sec, mauvais.
Nossi-Bé (sauvage)...	1873..........	A petits grains ronds, à une seule fève; très-sec, très-mauvais.

DÉGUSTATION. — *Cafés encore trop jeunes.*

PROVENANCE.	AGE depuis la récolte.	OBSERVATIONS.
Brésil (Minas Geraës de Juiz de Fora)......	1875..........	Très-bon, quoiqu'encore un peu jeune.
Haïti de St-Marc..	1874 (2 ans)....	Encore trop jeune. Doux, mais médiocre.
Haïti des Cayes...	1874 (2 ans)....	Encore trop jeune. Très-médiocre.
Haïti du Cap.....	1874 (2 ans)....	Encore trop jeune. Médiocre, a un peu d'arome.

CONCLUSIONS.

L'état d'avancement de la chimie organique ne nous ayant pas permis malheureusement de tirer de cette étude, que nous poursuivons depuis deux ans, des conséquences positives quant à la composition même des différents cafés, nous sommes réduits, comme on le voit, aux résultats des appréciations personnelles que nous avons pu en faire par des dégustations attentives. Mais en cette matière, comme en tant d'autres, les goûts sont divers. Je me contente d'indiquer comme pouvant résulter des tableaux précédents les conséquences suivantes :

1° Les cafés de l'Arabie et de la côte occidentale d'Afrique, désignés sous le nom générique de café moka, sont ceux qui ont l'arome le plus fin et le plus prononcé. Mais on a vu qu'en 1875 ces contrées n'en fournissaient réellement à la France que 0,034 de la consommation.

2° Certains cafés du Brésil, tels que ceux de Rezende, de M. Rocha Leao, de Cantagallo, de MM. Friburgo et fils, et la variété dite café amarello, ainsi que le café cultivé à Nossi-Bé, ont un arome égal à celui de la Martinique, dont la production est réduite aujourd'hui à moins de 0,001 de la consommation de la France, et ne peut en réalité exercer aucune influence réelle sur le marché.

3° Parmi les cafés doux, que préfèrent certains consommateurs, celui de l'Ile de la Réunion paraît encore le plus délicat, mais la quantité qui en parvient en France s'élevant à peine à 0,005 de la consommation intérieure, il en résulte évidemment que, sous le nom de café de la Réunion il s'en vend beaucoup qui proviennent d'autres pays.

4° Le plus grand nombre des cafés du Brésil suffisamment secs qui ont été essayés sont très-bien récoltés, d'un goût franc, très-agréable, et peuvent être acceptés par la consommation comme les équivalents du café de la Réunion.

Ils ont paru supérieurs à tous les cafés provenant des autres contrées de l'Amérique.

5° Les essais de culture de la variété de café à baies jaunes, dite amarello, pour la distinguer de celle à baies rouges, nommée vermelho, semblent devoir être encouragés et poursuivis. Si son arome prononcé et sa fécondité supérieure se maintiennent quand il sera cultivé en grand, dans des terrains riches et fertiles, cette variété paraît devoir contribuer à augmenter notablement la production du pays et la bonne réputation des cafés du Brésil.

En résumé, en dehors des cafés d'Arabie, de la Martinique et de la Réunion, qui, comme nous venons de le rappeler, n'entrent réellement ensemble que pour moins de 0,04 dans la consommation de la France, ce sont les cafés du Brésil qui méritent la préférence de notre commerce, non-seulement à cause des soins avec lesquels ils sont récoltés, mais encore par leur bonne qualité.

Paris. — Impr. E. Capiomont et V. Renault, rue des Poitevins, 6.

Paris. — Impr. E. CAPIOMONT et V. RENAULT, rue des Poitevins, 6.

www.ingramcontent.com/pod-product-compliance
Ingram Content Group UK Ltd.
Pitfield, Milton Keynes, MK11 3LW, UK
UKHW020515180726
13839UKWH00005B/2106

9 782329 601588